RELATION AÉROSTATIQUE,

DÉDIÉE

A LA NATION IRLANDAISE

PAR LE DOCTEUR POTAIN,

ANCIEN CHIRURGIEN-MAJOR A LA MARINE ROYALE,

EX-CHIRURGIEN PRINCIPAL D'ARMÉE.

PARIS,

CHEZ DELAUNAY, DALIBON, LADVOCAT, PONTHIEU, Libraires, au Palais-Royal.

Et chez l'Auteur, rue de la Verrerie, No. 4.

1824.

C. BALLARD, IMPRIMEUR DU ROI, RUE J.-J. ROUSSEAU, N°. 8.

A une des plus hospitalières Nations de l'Europe.

C'EST à vous, Irlandais, que je dois le plus beau moment de ma vie! L'accueil que vous daignâtes me faire, le généreux empressement que vous mîtes à seconder mon entreprise périlleuse sont pour moi de précieux souvenirs, qui m'encouragent à vous soumettre la Relation de mon voyage aérostatique qui eut lieu à Dublin : puissent mon zèle et ma reconnaissance mériter votre suffrage! c'est le vœu le plus sincère de

Votre dévoué et très-respectueux serviteur,

Dr. POTAIN.

AVIS PRÉLIMINAIRE.

La relation de mon voyage aérien date de l'année 1785. Le manuscrit était resté en oubli dans mes papiers, ainsi que les pièces à l'appui. Deux motifs m'engagent à lui donner de la publicité : d'abord ma reconnaissance pour la nation irlandaise, qui m'a honoré de sa confiance et de ses bienfaits, lors de mon ascension aérostatique au milieu de sa métropole, et ensuite le besoin d'acquitter le tribut de mes observations particulières, qui, quoique tardives, peuvent encore être de quelque utilité pour l'aérographie, depuis la découverte d'une enveloppe susceptible de contenir, de conserver un gaz plus léger que l'air environnant; découverte qui fit oublier les essais infructueux tentés depuis les Galien, les Lana, les premiers qui songèrent à pénétrer dans l'incommensurable domaine des phénomènes atmosphériques (1).

Les appareils d'un aérostat ou ballon sont connus; le succès qu'on doit en espérer, tant qu'il ne s'agit que de l'élancement, est certain. Gouverné dans son cours par les mains du savoir et de la prudence, le ballon n'est plus aujourd'hui qu'une récréation physique, une spéculation, un ornement de fêtes. Reste à y adapter un moteur qui ait assez d'influence pour tenter la direc-

(1) Voyez les Élémens de Physique par M. Haüy.

tion à volonté; recherche qui n'a produit jusqu'à ce jour que des chimères, des extravagances, des victimes; dédaignée par la main du génie, qui semble refuser à l'homme les moyens d'explorer un domaine qui n'est pas le sien propre, fatal à son existence, et où il ne peut se fixer assez long-tems pour y recueillir les fruits d'une étude particulière sur l'air, les vents, l'électricité, les réfractions astronomiques, et toutes les espèces de météores qui se forment, paraissent et disparaissent dans les hautes régions qui environnent le globe.

Nota. On sait que c'est à la manufacture d'Annonay que Mongolfier et son frère firent flotter dans l'atmosphère un globe de toile, doublé de papier, rempli de vapeurs produites par la combustion de diverses substances. Franklin, consulté sur ce phénomène de la physique, répondit : *C'est un enfant qui vient de naître; il faut l'éduquer.* Après l'expérience d'Annonay, qui réalisa un fait jusque-là considéré comme une fiction de système, Pilatre-des-Rosiers et Darlande partirent du vieux château de la Muette, près Paris, avec un ballon abandonné à lui-même, et parcoururent environ quatre mille toises en dix-sept minutes. L'expérience fut renouvelée plusieurs fois, au moyen d'un réchaud, suspendu sous l'ouverture du ballon, qui entretenait le feu propre à dilater l'air. M. Charles, célèbre physicien, que les sciences viennent de perdre, proposa de substituer à l'air dilaté le gaz hydrogène, et à la fragile enveloppe de Mongolfier le taffetas enduit de gomme élastique. On lança du Champ-de-Mars un globe construit par ce procédé, d'environ douze pieds de diamètre, et qui s'éleva en deux minutes à près de cinq cents toises, se soutint environ trois quarts d'heure, et alla tomber à Gonesse, à quatre lieues de Paris. M. Charles, victorieux de sa découverte, tenta de s'introduire dans la région des météores avec un aérostat du même genre, de vingt-six pieds de diamètre. Porté dans une nacelle suspendue sous l'équipage aérien, accompagné de Robert, les deux voyageurs parcoururent un espace de neuf lieues. Cette majestueuse ascension, qui se fit au milieu du jardin des Tuileries, excita un enthousiasme difficile à décrire. Blanchard, au Champ-de-Mars, eut le courage d'entreprendre, un peu plus tard, la même tentative et avec le même succès.

L'aventure qui eut lieu, lors de cette expérience, a été racontée de diverses manières. Voici le fait : Le moine qui devait monter avec Blanchard dans la nacelle suspendue sous le ballon fut vivement attaqué par un élève de l'École-Militaire, qui s'opiniâtrait à vouloir prendre sa place. En effet, le moine monta; il fut même ascensionné jusqu'à environ quinze à vingt pieds de haut; mais bientôt sa pesanteur le fit redescendre jusqu'à terre (1). Ce fut l'instant où la querelle s'engagea et devint sérieuse. Par suite de cette rixe, qui brisa une partie de la mécanique, on eut beaucoup de peine à rétablir l'ordre ainsi qu'à écarter du point de départ le jeune étourdi.

Bonaparte n'eut pas plutôt le vent en poupe, que les courtisans firent tourner à son profit la fanfaronnade du jeune élève de l'École-Militaire; c'est une erreur : je présidais les préparatifs du voyage, et je déclare que l'élève en question n'était point Bonaparte.

---

(1) Ce religieux fut fortement réprimandé par son ordre et passa à la discipline.

Cette découverte ne pouvait manquer d'être bien accueillie dans les pays étrangers, et elle le fut en effet. Il serait trop long ici de faire l'énumération de tout ce qu'on pourrait en savoir; toutefois, avec un peu de recherches, la curiosité ne tarderait pas à être satisfaite.

UNE CIRCONSTANCE DE MA VIE.

Le 17 juin 1785, j'ai exécuté à Dublin une expérience aérostatique, que j'avais projetée, et pour laquelle j'avais contracté un engagement envers les personnes les plus illustres de cette capitale, qui s'offrirent d'en couvrir tous les frais par voie de souscription. On trouvera, à la fin de la Relation, les noms de mes principaux protecteurs et souscripteurs.

Le jour fixé pour l'exécution de cette expérience, annoncée d'avance dans les journaux d'Irlande et d'Angleterre, je me rendis de bonne heure au parterre de Marlborough, près le Mail, enclos situé dans l'intérieur de la ville, qui me fut offert par les propriétaires.

Dès le matin, le tems était beau, aucun nuage n'obscurcissait l'horizon; il régnait un calme qui semblait favoriser l'expérience. Mon but principal était de traverser la mer et de parcourir les régions de la rive opposée du canal Saint-George : mais vers les onze heures, le tems changea, et le vent passa tout-à-coup de l'ouest à l'est-sud-est. Je fus forcé de renoncer au projet que j'avais fait de passer le canal. Cependant je continuai avec ardeur les travaux préparatoires qu'exigeait mon aérostat. Déjà l'heure fixée pour mon départ approchait; contrarié par les vents, mon ballon ne put s'emplir qu'aux deux tiers, ce qui rendit ma position très-critique; mais, animé par l'espoir du succès, je me déterminai à tout braver. J'adaptai ma nacelle au ballon. Au même instant, un coup de vent impétueux cassa plusieurs des cordages qui correspondaient à l'équateur, et ma nacelle perdit son équilibre. Les nombreux spectateurs qu'avait réunis mon expérience furent saisis d'effroi à la vue d'un spectacle si menaçant. Les membres du comité de souscription, présens dans l'enceinte, tinrent conseil, et tous d'une voix unanime pensèrent qu'il serait sage de différer mon départ : l'humanité leur dictait cet avis; j'y fus très-sensible; mais, ayant à cœur la résolution que j'avais prise d'exécuter mon projet, je répondis au noble lord et aux autres personnes de distinction du comité que j'étais résolu à braver tous les dangers du voyage. Chacun alors applaudit à ma fermeté inébranlable. Je me plaçai dans ma nacelle, et après avoir donné au public le salut d'usage, signal du départ, on se disposa à couper les cordes. Mais la vice-reine duchesse de Rutland, dame d'une rare beauté et douée d'une grande sensibilité, refusa de couper le ruban qu'elle tenait, motivant son refus sur la promesse de faire les frais dans un moment plus favorable. L'ambition n'écoute rien, et je pris le parti de le couper moi-même. Mon ascension se fit à deux reprises; un silence de stupeur régnait de toutes parts. A quatre cents toises environ d'élévation, je saluai de nouveau les spectateurs, et j'entendis des cris d'alégresse qui me répondaient par des *huzza!... huzza!* Le bruit du canon se fit entendre aux quatre coins de la ville. Je planais dans l'air avec volupté et dans l'ivresse d'un plaisir que je croyais incomparable. Après avoir stationné assez longtems au-dessus du point de départ, mon équipage devint le jouet des vents; j'allais de l'est-sud-est à l'ouest ,et de l'ouest au nord-est; je planais ainsi sur la ville et sur la mer. J'ai fait remarquer plus haut que mon ballon ne put se remplir de gaz qu'aux deux tiers ; de là un vide dans sa concavité qui laissait fléchir sa surface en tous sens, comme les ondulations d'une voile livrée aux caprices du vent, et par contre-coup faisait rouler ma nacelle comme un vaisseau battu par les flots d'une mer en fureur. Dominé par le désir de m'élever à une hauteur prodigieuse, je jetai trente livres de lest ; un panier, contenant des vivres, pesant quarante livres, s'étant détaché accidentellement de ma nacelle, je montai bientôt à une hauteur indéterminée pour moi, mais que des observateurs ont évaluée à plus de quatre mille toises (1). Dans cette région des météores, où je ne parvins qu'après avoir traversé des courans irréguliers, où se combinent en sens contraire aux principes constituans de l'air vital l'azote et l'oxigène, à peine pouvais-je respirer ; une lumière brumeuse dérobait à mes yeux l'intensité des couleurs. Qu'on se figure une carte géographique enfumée, trop éloignée de la vue pour en distinguer les objets, telle s'offrait à mes regards l'énorme masse du globe. Aucun objet ne me paraissait réfrangible au prisme. Le souvenir qui me reste de cet effrayant point d'élévation, où règnent toutes les horreurs du silence et de l'isolement, prouve que les espèces végétantes, sans exception, y périraient promptement. Je dois cette observation, qui peut-être mérite peu l'appréciation des savans, je la dois, dis-je, à deux pigeons que j'avais nichés dans une case pratiquée au-dessus de la banquette qui me servait de siége. Mon aérostat a un équilibre qui donnait par approximation l'apogée permis ou possible à l'audace humaine ; je mis en liberté mes deux compa-

(1) J'entends ici la toise française.

gnons de voyage : l'un resta perché sur les agrès de ma nacelle, étourdi par la révolution de la métastase ; l'autre s'élança au-dessus de ma tête ; mais, affaibli par les mêmes symptômes, il agitait lentement et avec peine ses ailes, et planait en descendant vers la terre, dont il avait besoin des sucs pour regagner des forces : son vol précipité, ou plutôt sa chute en courbes spirales, me le fit bientôt perdre de vue. Cette observation fut le résultat d'un clin-d'œil. Elle offre, sans doute, peu d'attrait pour l'étude des phénomènes aériens ; mais, dans l'anxiété d'une situation foudroyante, il me fut impossible de rien faire de plus pour l'aréographie ; je ne songeais qu'à mon salut, et je ne perdis pas un instant pour accélérer mon retour vers l'atmosphère végétale : j'eus recours alors à mes ailes ; l'ouverture de ma soupape, d'où devait s'échapper le gaz, ne m'était pas moins nécessaire ; mais, par une de ces fatalités qui semblent accumuler les obstacles quand le danger menace de toutes parts, je ne pus m'en rendre le maître. Cet incident, auquel se joignit la rupture du grand cercle, qui occasionna une déchirure à mon ballon, donna entrée à des vapeurs très-froides, qui condensèrent le gaz, ce qui accéléra ma descente avec une violente rapidité, qui me fit toucher la terre lorsque je m'en croyais encore éloigné, ce que l'on conçoit aisément ; car l'esprit dans le trouble ne juge rien. Dépourvu de lest, je me disposai à couper les cordes qui suspendaient ma nacelle, afin de me débarrasser de son poids, et de la remplacer ensuite par un filet, espèce de hamac, dont je m'étais précautionné pour prolonger ma traversée sur la mer. Surpris par une bourasque, je n'eus pas le tems de la réflexion. Je fus précipité hors de ma nacelle ; le ballon se releva, et je restai quelque tems suspendu par les pieds, sans pouvoir calculer la durée de cette pénible position ; ce ne fut que par l'effet du hasard que mes pieds se débarrassèrent. Je tombai à quelques pieds de terre, sans éprouver d'autres blessures que des contusions. Par suite de la commotion, je perdis connaissance. Revenu à moi, je me trouvai fort embarrassé; mon ballon, alors en liberté et dégagé de son voyageur, me servit de guide pour sortir du lieu où le sort m'avait jeté. Comme je n'apercevais aucune demeure, je résolus de continuer ma marche incertaine, gravissant des montagnes, sur l'une desquelles j'aperçus un individu que j'appelai, en faisant tous les efforts que me permettait ma situation. Je lui fis signe avec mon mouchoir de venir à moi; ce qu'il fit avec beaucoup d'empressement. Je lui demandai en mauvais anglais s'il avait vu le ballon. Il me dit : *Yes sir, Doctor Potain, success to the balloon.* On verra plus bas pourquoi il m'appelait par mon nom. Pour me faire connaître à lui, je lui montrai mon désordre, mes vêtemens déchirés, mes cheveux épars et ma figure meurtrie, en lui répétant à plusieurs reprises : *I'am, I'am Potain; I fell.* Il me comprit, m'invita à venir chez lui, et m'offrit de me conduire dans la maison d'un *gentleman* de son canton; ce que j'acceptai avec empressement. Je pris son bras et nous nous acheminâmes vers sa demeure. Arrivé chez lui, il conta mon aventure à sa famille, qui me parut très-nombreuse et dans une extrême indigence. Ces pauvres gens se levèrent tous, et m'offrirent de partager leur frugal repas, qui consistait en une gamelle de patates (ou pommes de terre). Je les remerciai, n'étant pas en appétit, comme on peut bien le penser. Ils insistèrent; je m'efforçai de manger. Je demandai un verre d'eau, et je bus à leur santé. Je tirai ensuite deux guinées de ma poche, que je leur donnai en reconnaissance. Jamais bénédiction ne me parut plus sincère; c'était à qui baiserait mon habit. Ce léger bienfait, si j'ose le dire, m'a procuré une jouissance à laquelle je me suis dérobé. Le vieillard chef de cette famille fit courir un de ses enfans après moi, lequel me conduisit chez M. Price, seigneur affable, qui me reçut gracieusement; lady, son épouse, et sa famille se joignirent à lui et me firent mille offres obligeantes. Deux gentilhommes à cheval, dont l'un était M. Beresfort le jeune, et un autre personnage de marque, qui m'avaient suivi, s'informèrent où j'étais; ils s'empressèrent de venir me trouver pour savoir l'état de ma situation, me demandèrent s'il m'était arrivé quelque accident. J'éludai la question et leur fis entendre combien j'étais reconnaissant de leurs démarches, en les priant de vouloir se charger d'une lettre que j'adressai au lord Moira, président du comité protecteur de l'expérience, et dans laquelle je lui mandai en peu de mots les événemens de mon voyage. Ils voulurent bien remplir la mission dont je les chargeai. Le lendemain ils arrivèrent en ville, et la nouvelle de ma descente fut bientôt publiée.

M. Price me proposa de rester plusieurs jours à sa maison de campagne; je le remerciai, lui donnant à connaître que des affaires importantes m'appelaient en ville. Il m'offrit sa voiture, et joignit à cette obligeance celle de m'accompagner avec deux autres seigneurs jusqu'à la ville de Dublin. Beaucoup de jeunes gens à cheval voulurent nous servir d'escorte, et nous devancèrent à la ville.

Je ne puis taire, dans cette narration, que le nombre des spectateurs présens à mon expérience, et les honneurs qu'on m'a rendus dans cette ville, font une époque mémorable dans l'histoire des voyages aériens.

M. Pitt, général des troupes anglaises, eut la générosité de m'envoyer plusieurs compagnies, tant de cavalerie que d'infanterie, pour me garder ce jour-là. Ce spectacle était des plus imposans. De tant d'honneurs que me reste-t-il?..... le souvenir d'un règne qui n'a pas été de longue durée, mais compensé par un grand lucre, et la gloire d'avoir surmonté les obstacles d'une entreprise périlleuse.

Je fais observer au lecteur que les habitans de la côte qui borde le canal Saint-Georges étaient prévenus par des circulaires qu'au premier vent d'ouest, ils verraient passer un ballon avec des voyageurs, et que celui qui donnerait des secours, en cas de nécessité, recevrait vingt-cinq livres sterlings. Aussi voyait-on voguer sur la mer un grand nombre de petits bâtimens.

Je dois à sir Edward Newenham, le Fox de l'Irlande, un de mes plus zélés protecteurs, ce trait de générosité; c'est également à sa munificence que je dois la souscription qui s'ouvrit dans une séance du parlement, où sir Edward plaida en ma faveur dans les termes les plus énergiques, déclarant qu'il avait reçu des lettres du docteur Franklin et du marquis de Lafayette, qui lui recommandaient le docteur Potain. Il voulut en donner lecture; on le crut sur parole. Alors chacun des membres s'empressa de souscrire : époque où a commencé la haute considération que j'ai obtenue dans ce pays.

Sir Edward Newenham et son fils aîné étaient les deux gentilshommes qui devaient m'accompagner ; après quinze jours d'attente d'un vent favorable, ce même fils, entraîné par l'amour filial, révéla notre départ à sa mère. L'épouse de sir Edward Newenham, enceinte du onzième enfant, vint à l'improviste surprendre son mari occupé des soins du voyage. Cette mère désolée, les yeux baignés de larmes, entourée de ses enfans, se jeta dans les bras de son mari, en lui exposant, avec les accens de la plus vive douleur, les dangers de son projet. Sir Edward tenta de la dépersuader; il ne put y réussir : son désespoir était au comble. J'étais absent; on vint m'avertir de ce qui se passait; je me rendis de suite sur les lieux. Quelle scène accablante s'offrit à mes regards! Lady Newenham éplorée était aux genoux de son mari, pour obtenir son désistement, conjurant le public de venir à son secours. Lorsqu'elle m'aperçut, elle vint à moi; et, après m'avoir accablé de reproches (j'étais jeune alors), elle me pressa impérieusement de seconder ses efforts auprès de son mari. Cependant sir Edward Newenham, son fils et moi, nous nous étions juré le secret. J'eus beau protester contre les instances de lady, le public impatient s'en mêla, avec menace de mettre en pièces le ballon; dans ce moment d'effervescence, les jeunes étudians voulurent y lancer des pierres; alors il fallut céder. Le désistement eut lieu, au grand regret de sir Edward, à la condition qu'il me donnerait tous les secours nécessaires pour l'expédition, jusqu'au moment du départ : ce qui fut consenti.

Sir Edward paraissait extrêmement agité; il m'embrassa, les yeux tournés vers sa famille, et me dit : «Vous voyez, mon » ami, ce qui se passe aujourd'hui : la force du sang l'emporte; je » n'hésiterais point de vous accompagner, sans l'impérative né» cessité de céder à une mère tourmentée par l'inquiétude et la » crainte, à une épouse qui porte encore le fruit de ma tendresse et » de notre union.» Sir Edward n'est plus; mais ses enfans n'ont certainement pas oublié cette scène touchante, qui me pénètre chaque fois que j'y pense. C'est un témoignage que je ne dois pas omettre.

Je ne saurais me dispenser de rattacher à ce souvenir les services que m'a rendus le très-honorable Hamilton Roan, conjointement avec sir Edward Newenham, et qui ne m'a quitté qu'au moment de mon départ.

Je dois prévenir le lecteur que j'étais muni de plusieurs lettres pour la Famille Royale, pour les principaux lords de la capitale, et en même tems d'une lettre de change portant deux cents livres sterlings, valeur de quatre mille huit cents livres tournois, à recevoir dans toute l'étendue du royaume, souscrite par M. Latouche, banquier d'Irlande. En me l'offrant, il me dit que, le vent d'ouest venant de changer, je devais être bien contrarié de me voir frustré de l'espérance de passer la mer; que, si je pouvais disposer d'un courant qui puisse me conduire en Angleterre, il avait mille livres sterlings en caisse qui m'étaient destinés. Je le remerciai de son attention et lui fis mes adieux; il me serra la main et me souhaita bonne réussite.

Plusieurs des membres de mon comité étaient dans l'enceinte avec des bâtons blancs pour protéger les préparatifs du voyage et tout ce qui y avoit rapport. J'ajouterai que, par intérêt pour moi, trois lords s'emparèrent du bureau, se chargèrent de la recette et les seigneurs dont la demeure était voisine du point de mon départ eurent la générosité d'évacuer leurs hôtels pour en laisser la jouissance au public. Devais-je espérer tant de générosité dans un pays où j'étais étranger!...... Enfin la journée fut brillante; un groupe de musiciens, une foule de gens du peuple, vinrent à notre rencontre. Arrivé à l'entrée de la ville, les acclamations redoublèrent; la satisfaction était générale. On voulut dételer les chevaux de notre voiture; il fallut employer la résistance pour nous faire ouvrir un passage à travers la multitude : les moyens pécuniaires furent efficaces pour y parvenir.

Pendant qu'on me promenait dans la ville, on entendait parmi la foule des colporteurs qui s'écriaient à tue-tête : *A letter just arrived from doctor Potain, from the incomparable doctor (une lettre justement arrivée du doctor Potain, de l'incomparable doctor);* et, pour couronner l'œuvre, d'autres chantaient des couplets analogues à la circonstance. C'était un charivari dont il n'y avait pas encore eu d'exemple, et qu'on se rappellera long-tems.

Avant de terminer cet écrit, je crois devoir ajouter quelques mots relatifs à la mécanique adaptée à la nacelle. Je fais observer que, par le moyen de l'envergure et de la concavité de mes ailes, en frappant sur la colonne d'air, j'en embrassais soixante livres, et, en leur faisant faire capot, j'obtenais une pesanteur analogue en sens contraire, qui me faisait descendre et monter à volonté : ainsi la puissance qui contribuait à mon élévation contribuait également à ma descente. Mes ailes avaient du rapport avec celles de Blanchard, sans être aussi compliquées, et d'une manœuvre plus facile; mon moulinet, en le faisant agir, prenait l'air en biais, et je tournais sur mon axe. Ces évolutions, faites à l'aide du ballon, ont réussi : le gouvernail ne servait que d'enjolivement, la direction n'étant point trouvée (voyez mon avis préliminaire), cependant je l'avais annoncée, et je l'ai tentée sans succès. Mon ballon avait trente-six pieds, de diamètre français, susceptibles de contenir vingt-quatre mille quatre cent trente-huit pieds cubes et quatre-vingt-cinq centièmes de gaz hydrogène : on n'avait pas encore hasardé de faire un globe aussi considérable. La nacelle pouvait contenir six voyageurs et beaucoup de lest; elle était construite dans la forme la plus élégante, ornée d'une riche draperie. J'étais pourvu d'un scaphandre, déjà très-connu, avec des nageoires à sa base, que je n'ai fait qu'ajouter, découverte qui parut fort ingénieuse. (Le duc de Leinster en fit prendre le modèle;) enfin, toutes les précautions, en cas d'événement, avaient été prises.

Je ne dois pas laisser ignorer au lecteur que tout ce qui vient d'être décrit s'est passé la même année et le même mois qui rappelleront à jamais la malheureuse catastrophe de Pilâtre-des-Rosier et de Romain, son compagnon, à Boulogne-sur-Mer, et sous le ministère de M. de Brienne. Ce fut encore cette même année, si remarquable en événemens, que Blanchard, accompagné du docteur Jeffrey, effectua le passage de Douvres à Calais.

RELATION

DU

VOYAGE AÉROSTATIQUE

DU DOCTEUR POTAIN,

FAIT A DUBLIN, LE VENDREDI 17 JUIN 1785.

EXTRAIT *traduit du Mercure Irlandais*, *de M. Walker.*

VENDREDI 17 juin 1785, jour fixé par le docteur Potain pour l'ascension de son ballon, son départ fut annoncé par le bruit du canon et le son du tambour. Dès onze heures, tous les chemins conduisant au lieu de l'expérience étaient remplis de monde, et il n'y avait point d'endroits d'où l'on pût apercevoir le ballon qui ne fussent complétement garnis de spectateurs. Grand nombre de personnes de la noblesse et de la bourgeoisie la plus distinguée s'étaient réunies au parterre de Marlborough, comme aussi les seigneurs et les gentilshommes composant le comité protecteur de l'expérience, et chargés d'ordonner tout ce qui y avait rapport.

A midi juste, le ballon se trouva suffisamment rempli de gaz pour enlever l'aréonaute et le bateau pourvu de la quantité de lest nécessaire. Il paraît que deux gentilshommes, qui s'étaient d'abord proposés pour accompagner le docteur Potain, se désistèrent ensuite de cet honneur, ce qui n'empêcha pas deux ou trois autres Messieurs de lui offrir, au moment du départ, une somme considérable pour avoir la permission de les remplacer. Mais le docteur, jugeant sagement que les courans d'air supérieur pouvaient bien le porter à la mer, et que la quantité de lest nécessaire pour une expédition aussi dangereuse ne pouvait manquer de faire courir le plus grand péril à la personne qui voudrait partager avec lui les honneurs du voyage aérien, ne trouvant pas d'ailleurs la machine aérostatique dans un état aussi parfait qu'il l'aurait désiré, il déclara généreusement qu'il ne pouvait accepter aucune proposition, et qu'il était résolu à s'exposer seul au danger, quoiqu'il fût étranger au pays.

Nous ne pouvons nous empêcher de rendre aux amis du docteur Potain le juste tribut d'éloges qu'ils méritent. C'est à l'attention qu'ils ont apportée dans les procédés, que la curiosité publique est redevable d'avoir été pleinement satisfaite peu de tems après l'heure annoncée.

A midi et demi, tout étant prêt, le docteur Potain entra dans son bateau; il salua le peuple avec le courage le plus intrépide, et s'éleva dans une direction entièrement perpendiculaire. L'élévation se fit avec une progression douce et lente, qui fit jouir tous les esprits pendant plusieurs minutes de sensations inexprimables de grandeur et de sublimité.

Après avoir paru très-long-tems comme immobile, il augmenta son mouvement en jetant du lest, et on vit mettre en jeu les ailes attachées à son bateau; mais nous ne nous hasarderons pas à prononcer sur l'effet que ce mécanisme a pu produire sur la direction du ballon. Après quoi il fut porté tranquillement à une prodigieuse élévation, en prenant une direction méridionale. Cette entreprise étonnante fut extrêmement favorisée par la beauté du jour, et l'intrépide Français demeura long-tems visible pour ceux qui avaient l'avantage d'être placés sur le terrain même où se fit le départ, ou dans les lieux adjacens.

Le ballon prit d'abord la direction du nord-est; mais, remontant ensuite un courant d'air supérieur, il changea aussitôt et fit marche presque en sens contraire, ce qui le fit paraître pendant quelque tems s'avançant à pleines voiles vers la mer; mais, s'élevant à une hauteur plus considérable, il changea de nouveau de direction et prit celle du nord. Il demeura dans cette position pendant plus de trois quarts d'heure, paraissant faire route au-dessus des contrées de Wiklos et de Wexfordi, jusqu'à ce qu'enfin il ne fut plus possible à l'œil de le suivre. Le docteur Potain dut être extrêmement mortifié de se voir frustré de l'espérance qu'il avait eue que son ballon se dirigerait vers la mer, ayant toujours témoigné la plus grande envie qu'il prît cette direction, pour avoir la gloire de passer le canal et de descendre en Angleterre. La justice exige que nous ajoutions que les plus grands éloges sont dus au docteur Potain pour l'exactitude et l'habileté qu'il a déployées dans le cours de l'expérience, et qu'on ne peut de même assez louer son respectable comité des peines et des soins qu'il s'est donnés, et du bon ordre qu'il a fait régner vendredi, pendant tout le tems. Le docteur se conduisit constamment avec la plus grande modestie, et cependant il montra une connaissance profonde de tout ce qui concernait son entreprise. Il sut calculer exactement ce qu'il fallait de tems pour que son ballon fût suffisamment rempli, ce qui fit qu'il fut ponctuel à s'élever au tems annoncé; et, conséquemment, le public eut peu à souffrir du dérangement de ses affaires ou de son travail. La science consommée que le docteur Potain a montrée dans l'art des ballons, le sang-froid et l'intrépidité dont il a donné des preuves en cette occasion, feront sans doute que les habitans de cette capitale apprendront avec plaisir qu'il a fait une descente heureuse. Le docteur demeura de tems à autre dans une position presque immobile; des bouffées de vent survenaient, et l'entraînaient ensuite en différens sens. Il s'aperçut enfin que le cerceau qui entourait le ballon à peu près vers le centre s'était rompu : ce qui avait occasioné une déchirure dans le côté, et avait fait prendre au bateau une situation tout-à-fait désagréable et dangereuse. Cet accident l'obligea de descendre beaucoup plutôt qu'il n'était dans l'intention de le faire s'il n'avait éprouvé ce malheur. Il fit tout ce qu'il put pour réparer cet inconvénient, et s'allégea encore en jetant du lest, ce qui le fit remonter pendant quelque tems; mais enfin il se vit obligé de renoncer au projet de prolonger son voyage, et descendit, sans avoir éprouvé beaucoup de mal, tout près de la maison de Madame Price, fille de M. Rathboin, négociant. Madame Price demeure près de Dargle et de Powescourt, à environ soixante-quinze milles de Dublin. Le docteur Potain fut reçu chez elle de la manière la plus obligeante, et on lui prodigua tous les bons services que peut rendre l'hospitalité la plus généreuse.

Les encouragemens qui ont été donnés à ce savant et habile étranger pour lui faciliter l'exécution de son projet nous sont un gage certain qu'il ne peut manquer d'être reçu, à son retour dans cette capitale, avec des témoignages de satisfaction et de générosité dignes du caractère de libéralité qui distingue la nation irlandaise.

Si le docteur Potain eût opéré sa descente dans la campagne, dans un lieu éloigné de la capitale, il aurait été fort embarrassé, ne sachant pas un mot d'anglais. Cependant il n'y a pas à douter que, dans quelque endroit qu'il eût pris terre, il n'y fût reçu avec la plus grande hospitalité, à raison du plaisir qu'une entreprise telle que la sienne a fait à la généralité du peuple.

Du 18 juin.

Aujourd'hui Messieurs du comité ont reçu l'agréable nouvelle de la descente du docteur Potain. Le ballon descendit dans les montagnes qui environnent le Waterffal; la déchirure subite occasionée par la rupture du cerceau manqua de précipiter le docteur jusqu'à terre. Engagé dans les cordages auxquels était suspendu le bateau, il fut traîné pendant plus de deux milles à quelques pieds de terre seulement, et reçut plusieurs contusions considérables. Il parvint enfin à se débarrasser, et se trouva être au milieu de la chaîne des montagnes de Mullinaveugue, à deux milles de la maison la plus proche. Il y dirigea son chemin aussitôt, et cette maison se trouva être celle de M. Price, de *Faire-Viek* (Belle-Vue). L'impossibilité où était le docteur Potain de s'exprimer en anglais fit qu'il lui fut très-difficile de faire entendre aux gens de la maison qui il était, ou de faire comprendre la situation d'où il sortait. *Potain.... Potain....* les seuls mots qu'il crut propres à se faire entendre, et qu'il répétait souvent, le firent reconnaître pour l'aréonaute; alors on le reçut aussitôt avec les égards les plus amicals, en le traitant avec cette cordialité dont en tous tems se sont fait honneur les gentilshommes du comté de Wichlow. Le docteur était à dîner lorsqu'il fut trouvé par M. Beresfort le jeune et un autre Monsieur, qui partirent de

Dublin au départ du ballon, et se mirent à sa poursuite, en observant sa marche.

Ce fut environ à trente-cinq milles de Dublin que le docteur prit terre; il y arriva à trois heures et demie. D'après les différens courans d'air qu'il rencontra, le docteur jugea avoir traversé un espace de plus de quatre-vingts milles. Le docteur écrivit pour le lord Moira une relation de son voyage en français, que M. de Beresfort porta à ce seigneur hier au soir. Le duc de Limster a reçu aujourd'hui une lettre de M. Doyn, gentilhomme du comté de Wexford, par laquelle il lui apprend que le ballon a été trouvé près de sa maison hier au soir. La distance est de plus de cinquante milles. Au moment où le docteur fut obligé de se séparer de son ballon, celui-ci monta avec une telle vélocité, qu'en un moment on le perdit de vue.

Nota. Ce récit est bien littéralement ce que les journaux ont dit, sauf les détails ignorés des rédacteurs et qu'on trouve dans le Mémoire du docteur Potain. M. Faugeas de Saint-Fond ne pouvait insérer dans son ouvrage l'expérience aérostatique faite à Dublin, n'en ayant pas connu les détails.

DOCUMENT ET PIÈCES PRINCIPALES

A L'APPUI

DU PRÉSENT MÉMOIRE.

PREMIÈRE DÉLIBÉRATION.

KING's-ARMS, FOWNES's-STREET.

May 26, 1785.

AT a Meeting of the Committee for conducting and regulating Matters relative to Doctor *Potain*'s intended Experiment.

PRESENT,

EARL *of* MOIRA *in the* Chair.

Lord Edward Fitzgerald,
Lord Jocelyn,
Sir Edward Newenham,
Mr. Carleton,
Mr. Baker,
Mr. Bell,
Lord Delvin,
Lord Muskerry,
Lord Landaff,
Sir Richard Johnston,
Sir Richard M'Guire,
Mr. Coddington.

RESOLVED, That Sir *Thomas Bell* be requested to act as Treasurer for receiving Subscriptions.

RESOLVED, That, in order to enable Doctor *Potain* to carry his intended Experiment into execution, the Chairman do give drafts on the Treasurer, (when sufficient Subscriptions shall have been paid) to such tradesmen, or, others, as have gone security for, or advanced any money, or furnished any goods or materials towards preparing and compleating the Balloon and its appurtenances; and that the remainder of the subscription money do remain in the Treasurer's hands, until the experiment be carried into execution to the satisfaction of the Committee.

Resolved, That the proceedings of this day, and the following note be printed and sent to each subscriber.

The Committee appointed to regulate matters relative to Doctor *Potain's* intended experiment, wishing to forward that business, do request, that you will please tho send whatever sum you chuse to subscribe, to Sir *Thomas Bell*, on or before 12 o'clock on *Tuesday* the 31st instant.

Resolved, That this Committee do adjourn until four o'clock on *Tuesday* the 31st instant, to transact business and dine together at *Ryan's* in *Fownes's-street.*

*** Such members of the Committee as were absent this day, and chuse to attend on *Tuesday*, are requested to leave their names with Mr. *Ryan* on *Monday* next.

SECONDE DÉLIBÉRATION.

BALLOON INTELLIGENCE.

As Parliament has adjourned for ten Days, DOCTOR POTAIN informs the Public, that the Committe have directed him to delay the Day of his intended Experiment, until the 13th Instant, at which Time, if the Wind is fair for England, he will certainly ascend from Marlborough-green. — Admittance to Non-subscribers, 5s, 5d.

1st June, 1785.

If the Wind be favourable, the Public will receive Notice by Firing of Cannon, and Beating of Drums.

And in Order to prevent any Delay, or Inconvenience, on the Day of Ascension, all Carriages are directed to go by Abbey-street to Marlborough-green, and return through Marlborough-street, or Earl-street.

The Subscribers are requested to pay their Subscriptions as soon as convenient, to Sir Thomas Bell, Treasurer, or any of the following Noblemen or Gentlemen who form the Committee.

Duke of Leinster,
Earl of Moira,
Lord Edward Fitzgerald,
Lord Farnham,
Lord Trimblestown,
Lord Delvin,
Lord Muskerry,
Lord Jocelin,
Lord Landaff,
Lord Killeen,
Hon. John Rawdon,
Hon. Geo. Jocelyn,
Rt. Hon. Thomas Conolly,
Sir Richard Johnston,
Sir Richard M'Guire,
Sir Edward Newenham,
Sir James Stratford Tynte,
Mr. Whaley,
Mr. Whaley, Jun.,
Mr. Bell,
Mr. Baker,
Mr. Molyneaux,
Mr. Preston,
Mr. Coddington,
Doctor Lynch,
Mr. Hayes,
Mr. Ayres,
Doctor Usher,
Mr. Godfrey,
Mr. H. Roan.

*** The Committee are requested to meet at Twuelve o'clock on Thursday Morning, the 9th Inst. at RYAN's in Fownes's-street.

Par ordre de Sa Grâce la duchesse de Rutland, le chevalier Haslea fait avertir le docteur Potain que la pluie qui a tombé empêchera Sa Grâce de se rendre à Renalagh ce soir, étant d'ailleurs persuadée que le jour est beaucoup trop mauvais pour que le Docteur puisse tirer aucun avantage de la fête qu'il se propose. S'il fixe un autre jour, et qu'il fasse beau, Sa Grâce se fera un plaisir de répondre au désir du docteur Potain.

Au château de Dublin, mercredi à 4 heures, 1785.

Lord Moira's compliments to doctor Potain and will with pleasure obey his commands to long as he is able to remain in town.

House, may the 20st. 1785.

Mylord Trimblestown fait bien ses complimens à M. le docteur Potain, et le prie de lui faire le plaisir de venir dîner avec lui, demain dimanche, à Mount-Anville, près du château de Roebuck, environ à un mille et demi de Renalagh.

Ce 16 *juillet* 1785.

Kildan-st. mai 20st. 1785.

Lord Mackenzy's compliments to doctor Potain and will with great pleasure be one of his Commitee.

Sir Richard Musgrave's compliments to doctor Potain he will with pleasure attend on his Commitee.

Dawsen-st., 19 *st. of May* 1785.

Wednesday Night mai 25st. 1785.

As the Commetee have taken Kyan's-House would it not be proper for the Commetee to fix a day to dine together there and to invite doctor Potain.

The Earl of Maisa in the Chair.

Milord Leitrim, ayant appris par les gazettes que le ballon du docteur Potain devait s'enlever lundi prochain, désirerait savoir s'il est certain que ce sera ce jour-là. Comme il est à la campagne et qu'il voudrait être présent à l'expédition, il sera très-obligé au docteur Potain de lui faire savoir le jour et l'heure que le ballon s'enlevera. Son adresse est à Killadoon near Leixlip.

May 1785.

Sir Richard Johnston presents his compliments to doctor Potain and will with great pleasure undertake being one of his Commitee. Sir Richard early mentioned his wishes to serve the Doctor.

13 *Anglesia-st.*, 20*st. may* 1785.

Monsieur,

On vient de m'envoyer deux lettres de votre part; mais comme il y a quelque tems que je suis en campagne, je ne les ai reçues qu'aujourd'hui. Par la dernière de ces lettres, je vois que ma souscription doit avoir été envoyée chez le chevalier Bell, le 31 du mois passé. Je vous ai prié de m'envoyer vos lettres à Naas; mais, dans les embarras qui vous entourent, je ne suis point étonné que vous l'ayez oublié. L'accident qui est arrivé à votre ballon m'a fait beaucoup de peine. J'espère que, quand vous l'aurez raccommodé, il ne sera pas moins sûr. Je vous prie de me faire savoir quand votre Comité se rassemblera, et je m'y trouverai sans faute. Soyez assuré que vous n'avez pas un ami plus zélé que

Votre très-humble serviteur,

Naas, ce 2 juin 1785. Arch. Hamilton Roan.

General Pitt presents his compliments to Doctor Potain and will be very happy to lend him any assistance in his power. — But is sorry that on account of his different avocations he cannot be of his Commitee agreable to his wishes. — Which offer were it not very iuconvenient to him he should with pleasure have accepted.

Royal Hoospital, Thursday may 19*st.* 1785.

Lord Jocelyn fait ses complimens à M. Potain, et lui sera bien obligé de lui faire le plaisir de passer chez lui ce matin, comme mylord part demain pour la campagne; mais si cela convient mieux au Docteur qu'il passe chez lui, il s'y rendra, en lui faisant savoir l'heure où il se trouvera à la maison, étant bien aise de le voir avant son départ.

May 20*st.* 1785.

Sir Thomas Bell sends his compliments to Doctor Potain, and hopes he has no doubts of his perfect readiness to serve and oblige him by every means in his power. — He his now out of town but will very shortly return, and in the interval, sir Thomas promises for him that he will not hesitate to be a member of the Doctor's Commitee as he requests, which sir Thomas Bell would not object was it possible for him to attend it.

Williams-st., may 20*st.* 1785.

Sir,

If your balloon will take up two I should be happy to accompany you in your aerial excursion as no voman in this Kingdam has hitherto attempted it the novelty of it may please the Public, be of service to you and give infinite satisfaction to you.

Your humble servant.

M. L. O'Reilly.

Sunday Monning N° 13 *Essex; 2 may.*

P. S. Mr. O'Reilly of the Theatre Royal Smock-Alley wil see your when and where you please to convince you that I have his approbation.

Beaucoup d'autres lettres pourraient être citées; mais la crainte d'ennuyer le lecteur me force de les garder vers moi comme un monument du plaisir que j'ai eu à la reconnaissance publique.

www.ingramcontent.com/pod-product-compliance
Ingram Content Group UK Ltd.
Pitfield, Milton Keynes, MK11 3LW, UK
UKHW021206230726
13926UKWH00001B/340

9 782013 430432